图解

食品

装饰

制作技艺

面塑/食雕

糖艺/盘饰

徐 真◎著

餐饮行业职业技能培训教程

U0255154

中国轻工业出版社

图书在版编目（CIP）数据

图解食品装饰制作技艺：面塑、食雕、糖艺、盘饰 /
徐真著. —北京：中国轻工业出版社，2023.8
餐饮行业职业技能培训教程
ISBN 978-7-5184-0909-9

Ⅰ.①图… Ⅱ.①徐… Ⅲ.①食品—装饰雕塑—技
术培训—教材 Ⅳ.①TS972.114

中国版本图书馆CIP数据核字（2016）第086415号

策划编辑：史祖福　　责任终审：劳国强　　整体设计：锋尚设计
责任编辑：史祖福　　责任校对：吴大朋　　责任监印：张　可

出版发行：中国轻工业出版社（北京东长安街6号，邮编：100740）
印　　刷：艺堂印刷（天津）有限公司
经　　销：各地新华书店
版　　次：2023年8月第1版第2次印刷
开　　本：889×1194　1/16　印张：7.75
字　　数：184千字
书　　号：ISBN 978-7-5184-0909-9　定价：39.00元
邮购电话：010-65241695
发行电话：010-85119835　传真：85113293
网　　址：http://www.chlip.com.cn
Email：club@chlip.com.cn
如发现图书残缺请与我社邮购联系调换
231191J4C102ZBQ

教学之余，无意中在网上上传了一些自己有关食品雕刻、面塑、糖艺方面的教学视频，出人意料的是深受广大烹饪界朋友、面塑爱好者的关注与喜爱。至 2015 年年底我的个人教学视频的点击量突破 70 余万次，"粉丝"也不断地积累与增长，越来越多的朋友远道而来学习与交流，欣喜之余应朋友们的邀请，特意将近年来相关的教学作品分类整理成册，以供大家参考和指导。

随着餐饮行业的不断发展，单一的雕刻、糖艺、面塑、果酱画等技能已经不能满足整个行业的发展需求了，业内对各项全能的综合性人才的需求越来越强烈。这就要求广大从业人员学会触类旁通、举一反三，综合了解与学习食品造型艺术相关技艺。

本书融合了面塑、食雕、糖艺、果酱画盘饰四个模块的内容，前三个模块从最基础的原料选取、工具使用到大件的细节介绍、分步解析等都作了详细的描述，尤其是食雕和面塑这两方面倾注了更多的时间和精力。

本书中的内容毕竟有限，而能够放下手头的工作，抽出身来学习的朋友也是少数，后期编者将在教学过程中尽可能地多录制一些相关的视频发布到网上以供大家参考交流，在网上搜索"徐真食品雕塑艺术工作室"就可以找到。希望感兴趣的网友多多关注和支持。

本书的出版要特别感谢王卫锋的大力支持和辛苦付出，还有参与制作的学员、同事以及我的家人和广大朋友们一直以来的肯定和鼓励。

在此对大家表示深深的谢意。

　　从 2015 年 8 月份开始，历时约半年时间，完成全书百余个作品的撰写，时间比较仓促，谨以此拙作献给大家，愿与业内同仁及广大读者一起参考交流，希望大家提出宝贵意见并予以批评指正。

徐真

2016 年 4 月

目 录
Contents

第一篇

面塑制作图解与欣赏

面塑工具及原料

■ 白乳胶

■ 保鲜膜

■ 报纸

■ 丙烯金 / 银色

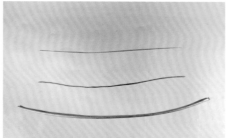
■ 粗 / 细铁丝

■ 仿真眼睛

■ 复写板

■ 擀面杖

■ 广告画颜料

■ 虎口钳

■ 尖嘴钳

■ 剪刀

■ 卷尺

■ 铠甲模具

■ 铠甲兽头模具

■ 毛巾

■ 上色笔

■ 蛇皮模具

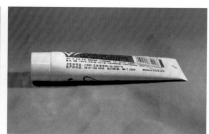

■ 手油

■ 塑刀

■ 压板

■ 原色面团

■ 皱纹胶带

■ 竹签

■ 转台

面塑作品制作图解

一、动物系列

天行健

制作图解

1. 做出狮子的铁丝支架。
2. 完成狮子的制作。
3. 喷好颜色的成品图。

中华龙

制作图解

1. 做出龙的铁丝支架。
2. 根据龙身粗细变化的特征适量缠上报纸，用皱纹胶带固定。
3. 用红色面团塑出龙头、龙身和龙爪的大形。
4. 龙头大形细节图。

5. 用白乳胶粘上龙的腹甲。

6. 从龙尾开始粘龙的鳞片。

7. 粘鳞片时注意层次，鳞片从尾部开始由小变大。

8. 粘完鳞片就开始粘背鳍，依次塑出龙爪、龙发、龙角、龙须等，最后进行细节补充后完成制作。

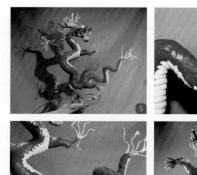

大展宏图

🍃 制作图解

1. 用铁丝做好老鹰身体及翅膀骨架，身体缠上报纸，附上白面。

2. 将做好的尾羽及部分翅膀羽毛用白乳胶粘上，塑出老鹰头部及爪子。

3. 粘完翅膀羽毛，做好老鹰爪尖。

4. 粘接大腿上的羽毛，注意从爪子根部向上粘。

5. 粘上身体羽毛。

6. 粘上脖子上的羽毛即完成。

二、传统人物

------------------------------- ◥◤ **小孩** ◥◤ -------------------------------

制作图解

1. 做好小孩的身体支架，头部及身体包裹一层肉色面团。

2. 小孩身体高约 7.5 厘米，做小孩时注意头部稍微塑大一点，身体高度一般控制在五个头。

3. 塑出小孩的五官，身体裹上面团。

4. 完成头部制作后小孩的身体高约 8 厘米。

5. 底座包上一层绿色面团，给小孩穿上黑色裤子。

6. 穿上灰色衣服。

7. 塑出衣袖，背上布袋，挂上腰间的葫芦即完成。

------------------------------- ◥◤ **牧童** ◥◤ -------------------------------

制作图解

1. 做出牛的耳朵。
2. 做出牛角。
3. 做出牛的身体。
4. 成品图。

渔归

🍃 制作图解

1. 做出渔翁的铁丝支架。做老人时注意整个身体高度控制在六个半头左右，肩膀稍微向上靠，不要做太宽，脖子一定要短。

2. 将整个身体缠上报纸并用皱纹胶带固定好，注意上身一般呈倒三角，肩膀宽，腰部相对比较细。

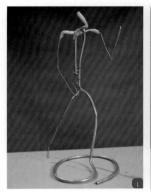

3. 头部上身敷上肉色面团，塑出大形，老人的锁骨比较突出。

4. 塑出五官，注意老人眼睛不要睁得太大，眼角额头的皱纹要清晰，面带笑容。

5. 塑出身体肌肉的大形，尤其是胸部、手和手臂、小腿及脚丫等裸露的部分要重点刻画。

6. 穿上衣服，背上鱼竿，提上鱼，完成整个作品。

麒麟武将

🍃 制作图解

1. 做出麒麟的铁丝支架。
2. 做出另一只麒麟的铁丝支架。
3. 根据麒麟身体特征包裹一层报纸。
4. 另一只也包上报纸。

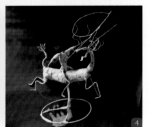

5. 塑出其中一只麒麟的头部，身体包裹上一层蓝色面团并将人物身体支架安放在麒麟背上。

6. 麒麟和人物头部细节图。

7. 麒麟和人物的腿部细节图。

8. 人物头部特写。

9. 整体效果图。

10. 给铠甲刷上一层金色。

11. 装上手上的小配件风筝即完成。

12. 另一个的完成效果图。

13. 完成组合效果图。

斗蛐蛐（济公）

制作图解

1. 塑出济公的头部，注意耳朵和下巴要稍长，面部微笑挑逗的神情。

2. 做出身体支架，注意半蹲身体微曲。

3. 做出济公的拖鞋，注意鞋子的细节，大脚趾前面破了一个洞。

4. 塑出另一边的鞋子。

5. 穿上里面的裤子，注意裤脚要表现出一点破烂的感觉。

6. 裤子前面的裙摆，注意纹理要自然流畅。

7. 塑出裤子后面的裙摆。

8. 塑出上衣，注意先做左边，再做右边，右边的衣领要盖住左边的。

9. 做出帽子上的佛字。

10. 手臂的铁丝缠上皱纹胶带。

11. 包上黄色面团，准备做衣袖。

12. 做出左边的衣袖，塑出衣服的纹理。

13. 做出另一边的衣袖。

14. 塑出背后的酒葫芦并装在背上。

15. 塑出双手，做好袖口的白色衣服，装上双手并拿上竹竿，摆出斗蛐蛐的姿势。

16. 腿部补丁细节图。

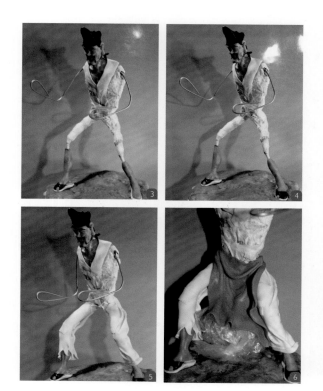

17. 腿部裤脚边破烂细节图。

18. 竹竿及蛐蛐的特写。

19. 两只蛐蛐特写。

20. 成品图。

三、西游记系列

弥勒佛

制作图解

1. 先塑出弥勒佛的头部，做出铁丝支架，将头部装上。

2. 缠上一层报纸，尤其是肚子要稍微多缠一些，并用皱纹胶带包裹好。

3. 根据弥勒佛的体态特征给身体敷上一层肉色面团。

4. 塑出手脚。

5. 穿上衣服，注意衣纹处理。

6. 系上腰带，带上佛珠，手上托一个金元宝。

7. 另一只手拿上玉如意即完成制作。

西游记师徒四人

制作图解

1. 做出白龙马的身体支架并根据身体结构缠上一层报纸，底座包裹一层绿色面团。

2. 给身体敷上白色面团，塑出白龙马身体大形并抹平处理光滑。

3. 塑出马蹄，将头部进一步细节处理，装上鬃毛。

4. 粘接好马的尾巴，整个马的制作基本完成。

5. 做出唐僧身体支架。

6. 将唐僧的身体支架试放到马背上，需找准骑马的位置。

7. 塑出唐僧的头部，装到身体支架上，给身体支架包裹一层报纸并敷一层面团。

8. 给马装上马鞍，将唐僧放在马鞍上并穿上衣服。

9. 在手臂上简单塑出衣袖。

10. 唐僧整个身体细节图。

11. 唐僧身体下半部分特写。

12. 身体背部特写。

13. 塑出唐僧手臂袖子的衣纹。

14. 披上红色袈裟。

15. 粘上帽子上面的白色飘带。

16. 佩上佛珠，拿上禅杖。

17. 粘上连接马鞍的带子。

18. 装上马的缰绳。

19. 唐僧头部细节。

20. 马前腿特写。

21. 马的后腿特写。

22. 马尾特写。

23. 马头特写。

24. 唐僧骑白马的完成效果。 27. 猪八戒完成图。

25. 沙和尚完成图。 28. 西游记师徒四人组合图。

26. 孙悟空完成图。

四大天王——持国天王

制作图解

1. 塑出持国天王的头部，五官注意眉毛要立起来，眼睛要睁大。

2. 做出天王身体支架，完成下身制作。

3. 塑出天王的双手，将做好的琵琶装上。

9. 天王手臂敷上面团，为穿铠甲做准备。

10. 贴上肩部铠甲。

11. 贴上肩部兽头的面料，准备塑兽头。

12. 用褐色面打底，给天王整个上身敷一层。

13. 手臂敷上一层面团后的细节图。

14. 贴上胸部铠甲和铠甲的背带，然后塑出天王的胡须。

15. 开始制作腰部的铠甲，注意护腰面片的厚度。

16. 围上腰带。

17. 背部细节图。

18. 装上腰部的兽头铠甲。

19. 装上腰部的小飘带。

20. 做出整个身体的飘带。

21. 做出佩剑。

22. 给铠甲刷上金色完成制作。

四大天王——多闻天王

✍ **制作图解**

1. 塑出多闻天王的头部,注意嘴巴紧闭稍微向下。

2. 做出铁丝支架,装上头部。

3. 用皱纹胶带把铁丝包裹起来,塑出天王脖子及锁骨肌肉。

4. 上身敷上一层面,注意稍微凸显出胸肌。

5. 做出腿部大形并塑出铠甲,脚的长度刚好是一个头的高度。

6. 做出另一只腿。做小腿时注意把握好铠甲的厚度,避免造成腿部过于粗壮。

7. 装上大腿一侧的铠甲。

8. 装上大腿另一侧铠甲。

9. 做出前面的裙摆,裙摆注意是双层的,裙摆的纹理要自然流畅。

10. 手臂敷一层面，准备做肌肉，做手时注意控制好手臂的长度还有手的大小，肩到肘关节的长度等于肩到肚脐的距离，男子的手一般为刚刚能捂住一张脸的大小。

11. 将一侧的手臂穿上衣服并塑出手腕铠甲。

12. 准备肩部两侧的铠甲。

13. 挑出铠甲边缘的纹理。

14. 挑出铠甲中间部分的纹理。

15. 装上臂上铠甲，塑出肩部的兽头。

16. 用黑色面团做出另一只手臂的铠甲。

17. 做出铠甲的边缘零部件。

18. 将其装到手臂上。

19. 挑出花纹。

20. 制作另一侧臂部铠甲。

21. 将三角形的长条贴在铠甲中间。

22. 挑出边缘的花纹。

23. 镶上红色宝石。

24. 将其装在另一侧肩部。

25. 塑出肩部的兽头。

26. 上身敷一层褐色面团，做出最里一层的衣服。

27. 贴上胸前圆形铠甲。

28. 腰部围一层蓝色面皮，开始做腹部的铠甲。

29. 贴上腰间铠甲，与腹部铠甲并列呈三角。

30. 塑出背部铠甲。

31. 贴上背部铠甲，做出背后臀部的裙摆。

32. 做出背部与胸部铠甲的背带。

33. 开始做腰带，做完腰带镶上兽头。

34. 最后在兽头下面并列做出一个圆形铠甲，拿上做好的兵器。

35. 做出腰间的小飘带。

36. 做出整个身体飘带的铁丝支架。

37. 装上飘带完成整个作品。

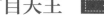

---------------- ▷▷▷ ◤ 四大天王——广目天王 ◢ ◁◁◁ ----------------

🍃 **制作图解**

1. 塑出广目天王的头部。注意广目天王的脑门结构，是分成两个部分的。

2. 脚部细节图。

3. 小腿部铠甲展示。

4. 腿部上方铠甲展示。

5. 塑出整个身体结构，武将的肩部支架一般要做宽点，做支架时注意连同蛇的支架一起制作。

6. 头部及胸部制作细节图。

7. 下半身细节图。

8. 做好蛇，注意蛇身一定要稍微盘起一点。

9. 手腕部位铠甲展示。

10. 肩部铠甲展示。

11. 胸部铠甲细节图，注意两个圆形铠甲和两个兽头铠甲是环环相扣的。

12. 胸部铠甲完成，准备做腰部铠甲。

13. 塑出腰部兽头铠甲。

14. 做出飘带。

15. 铠甲刷上一层金色完成整个作品。

四、三国系列

刘备

制作图解

1. 制作出刘备所骑战马。
2. 刘备头部特写。
3. 刘备手臂细节展示。
4. 刘备所握兵器展示。
5. 做出另一只手臂。
6. 将另一只手臂装上剑。
7. 马头特写。
8. 马的前腿特写。
9. 马的后腿特写。
10. 马尾特写。
11. 刘备腿部细节。
12. 刘备大腿及腰部细节。
13. 胸部铠甲细节。
14. 马头另一侧展示。

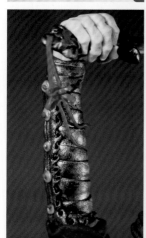

15. 另一侧腿部细节。

16. 尾部俯视图。

17. 将刘备衣服穿好，拿上兵器。

18. 最后装上剑穗即完成。

张飞

 制作图解

1. 做出张飞骑马的身体支架。

2. 马制作完成后装上缰绳和马鞍。

3. 张飞头部特写。

4. 张飞肩部铠甲细节图。

5. 张飞另一侧肩部展示。

6. 张飞手腕展示。

7. 张飞左手及蛇矛展示。

8. 张飞蛇矛的另一端展示。

9. 张飞胸部铠甲细节。

10. 张飞腿部细节。

11. 张飞的背部展示。

12. 张飞后面腰部裙摆。

13. 马的头部特写。

14. 马头部的另一侧展示。

15. 马的臀部展示。

16. 马尾展示。

17. 马的前蹄展示。

18. 马的后蹄展示。

19. 成品图。

关羽

制作图解

1. 做出马的铁丝支架并缠上报纸。

2. 做出关羽的身体支架，塑出关羽头部。

3. 整个马的完成效果。

4. 做出马的缰绳和马鞍。

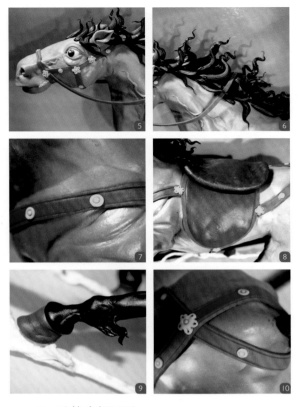

5. 马的头部展示。

6. 马的鬃毛展示。

7. 马肩甲部位展示。

8. 马鞍展示。

9. 马蹄展示。

10. 马臀部特写。

11. 马尾展示。

12. 做出关羽鞋子。

13. 做出关羽小腿部铠甲。

14. 做出关羽大腿部位铠甲。

15. 做出关羽膝盖部铠甲兽头。

16. 做出手臂铠甲。

17. 做出肩部铠甲兽头。

18. 做出另一侧肩部铠甲兽头。

19. 做出胸部铠甲。

20. 关羽上身展示。

21. 关羽背部。

22. 关羽整个身体背部。

23. 粘接关羽胡须支架。

24. 粘接好胡须。

25. 关羽骑在马上正面特写。

26. 做出正面腰部裙摆。

27. 做出腰围。

28. 围上腰带。

29. 拿上大刀。

30. 做出头部飘带。

31. 塑出刀上的龙。

32. 塑出腰部兽头铠甲。

33. 青龙偃月刀特写。

34. 关羽头部特写。

35. 铠甲还未刷金色的展示图。

36. 给铠甲刷上色后的作品展示。

吕布

制作图解

1. 做出吕布骑的赤兔马。
2. 吕布头部细节展示。
3. 赤兔马头部特写。
4. 做出马的前腿。
5. 做出马的后腿。
6. 做出马尾。
7. 做出马鞍。
8. 做出马肚。
9. 做出马的臀部。
10. 做出手臂。
11. 做出肩部铠甲。
12. 做出另一只手臂。
13. 做出吕布的兵器方天画戟。
14. 做出胸部铠甲。
15. 腰部特写。
16. 背部细节。
17. 做出腰部匕首。
18. 吕布腿部展示。
19. 做出另一只腿。
20. 臀部细节图。
21. 整个背部特写。
22. 马的臀部细节。
23. 成品图。

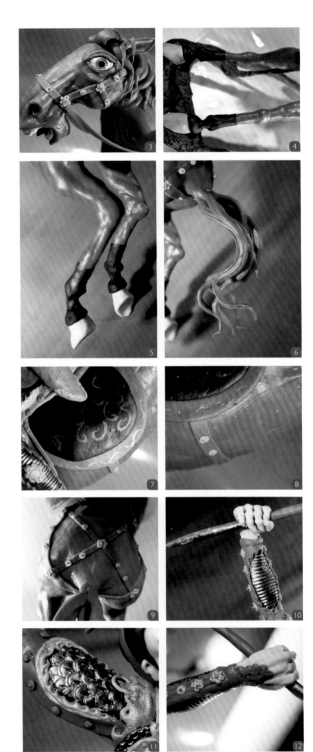

------------------------------ ▶ 赵云 ◀ ------------------------------

🖊 制作图解

1. 马头细节展示。
2. 马的完成效果图。
3. 做出赵云的头部。

4. 做出赵云的身体铁丝支架。

5. 将做好的头装在支架上，并包上一层报纸做出身体大形。

6. 赵云腿部细节图。

7. 做出赵云腰部的裙摆。

8. 赵云背部细节图。

9. 做出赵云肩部铠甲。

10. 做出赵云腰间小孩。

11. 赵云身体特写。

12. 成品背面效果图。

13. 正面效果图。

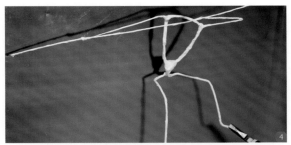

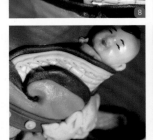

马超

🍃 制作图解

1. 做出战马的身体支架并根据体态特征裹一层报纸，从头部开始敷一层灰色面团。

2. 用灰色面团包裹好整个身体，注意抹平处理光滑。

3. 塑出马的眼睛、鼻孔，开始做马的嘴巴。

4. 完成马的头部制作并塑出马蹄。

5. 打开马尾的细铁丝，分别用皱纹胶带包好。

6. 塑出马尾。

7. 马头部细节展示。

8. 马头部另一侧。

9. 后腿马蹄特写。

10. 马尾特写。

11. 马超头部特写。

12. 马超兵器头部特写。

13. 马超兵器另一端特写。

14. 马超手臂细节。

15. 马超另一侧手臂展示。

16. 马超胸部铠甲细节图。

17. 马超腰部裙摆展示。

18. 马超的披风特写。

19. 马超腿部特写。

20. 马超身体大图。

21. 成品图。

 黄忠

 制作图解

1. 制作黄忠战马大形。

2. 给战马装上缰绳及马鞍。

3. 把黄忠的身体支架安放在战马上。

4. 塑出黄忠的头部。

5. 注意骑马人物，要把握好身体的比例，人物的头部一定要高出马头。

6. 做出黄忠腿部铠甲。

7. 腿部完成细节图。

8. 做出腰部的裙摆。

9. 手臂细节图。

10. 另一侧手臂展示。

11. 两侧手臂完成,准备穿衣服,做胸部铠甲。

12. 上身穿赫石色内衣。

13. 圆形铠甲完成。

14. 准备做腰部的铠甲。

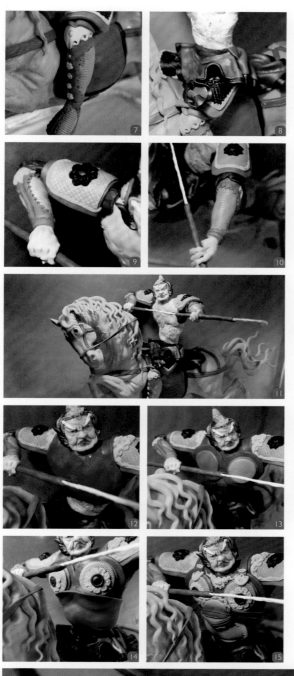

15. 腰部铠甲制作完成。

16. 准备做腰部的兽头。

17. 兽头铠甲完成，粘贴在腰部中间。

18. 黄忠头部特写。

19. 给铠甲刷上金色完成制作。

面塑作品欣赏

■ 羊

■ 豹

■ 马

■ 孙悟空

■ 公鸡

■ 骑鹿寿星

■ 老子出关

■ 圣诞老人

■ 观音

■ 白雪公主

■ 敦煌飞天

■ 敦煌飞天

■ 敦煌飞天

■ 敦煌飞天—弄笔图

■ 敦煌飞天

■ 罗汉

■ 托桃小孩

■ 八仙过海

■ 八仙单图

■ 十二金钗

■ 十二金钗

第二篇

Part 2

食品雕刻制作图解与欣赏

第一节　果蔬雕刻制作图解与欣赏

一、雕刻工具及原料

■ 12件小号雕刻刀

■ 13件大号雕刻刀

■ 13件套装雕刻刀

■ U型刀

■ V型刀

■ 砂纸

■ 保鲜膜

■ 打皮刀

■ 大切刀

■ 仿真眼睛

■ 食雕专用胶水

■ 划线刀

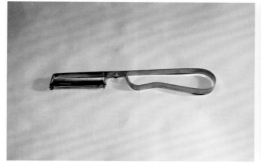

■ 刮皮刀

■ 毛巾

■ 喷壶

■ 雕刻掏刀

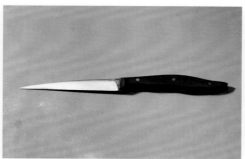

■ 主刀1

■ 主刀2

■ 胡萝卜

■ 白萝卜

■ 青萝卜

■ 青笋

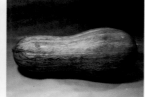

■ 南瓜

■ 紫薯

■ 心里美萝卜

■ 上色机

■ 水溶性画笔

■ 西瓜灯套环刀 ■ 牙签 ■ 竹签

二、果蔬雕刻作品制作图解

1. 人物五官展示

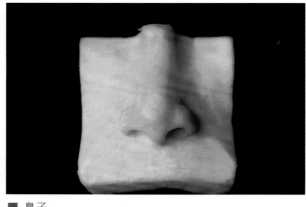

■ 鼻子

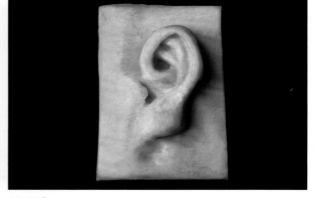

■ 耳朵

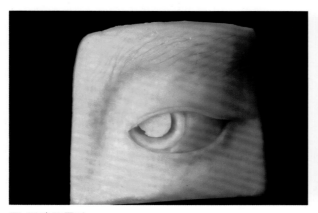

■ 眼睛及眉毛

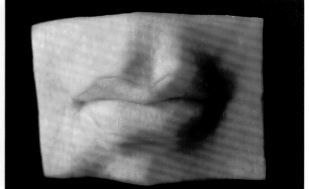

■ 嘴巴

2. 人物头像及人物系列

飞天头像

制作图解

1. 取一块实心南瓜料，斜切一刀，切下的料粘接在切面的另一边作为头部底座，用水溶性画笔在侧面勾勒出面部线条即面部与头发的分界线。

2. 沿着线条去除面部的废料。

3. 定出面部眼睛及鼻头的位置。

4. 用掏刀掏出眼睛的位置及鼻梁。

5. 掏出眼包，留出嘴巴的位置。

6. 刻出鼻头。

7. 刻出嘴巴。

8. 刻出发髻大形。

9. 刻出发丝。

10. 刻出眼睛并将发丝进一步细化。

11. 粘上头部挽起的发髻并刻出发丝。

12. 刻出丝带作为发饰加以装饰，粘上耳角的鬓发及耳坠。

13. 用砂纸打磨光滑即完成。

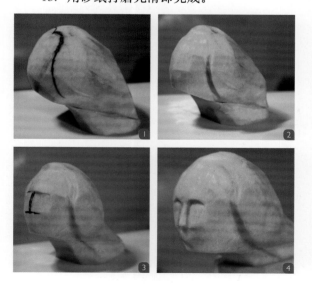
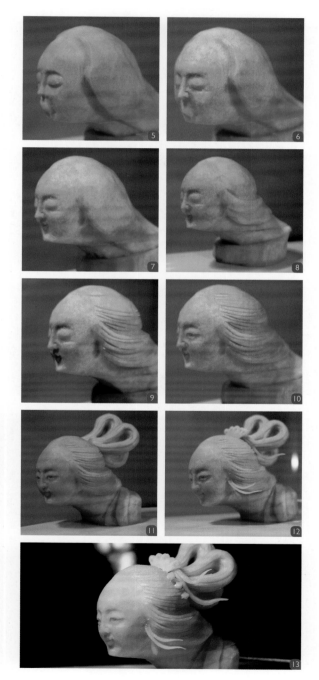

关公头像

🍂 制作图解

1. 取一块实心南瓜料，用水溶性画笔画出关公头部轮廓。

2. 沿着头部轮廓线掏出一条凹槽，用中号U型刀在眼睛和鼻头的位置分别横截一刀，整个过程注意运刀要平稳。

3. 去除头部外围的废料，用掏刀掏出帽檐及眉毛。

4. 将整个面部修圆修光。

5. 掏出眼睛的位置。

6. 定出鼻梁。

7. 刻出鼻头。

8. 刻出眉间皱纹。

9. 沿着鼻头两侧向下拉，留出嘴巴及胡须的位置。

10. 开始刻嘴巴。

11. 注意关公的两个嘴角是向下的。这样才能显示出关公的威严气势。

12. 刻出下巴轮廓。

13. 刻出部分胡须。

14. 去除头部外围多余的废料，刻出耳朵。

15. 粘接足够的胡须的料，定出关公胡须的大体轮廓。

16. 对胡须进一步处理。

17. 刻画帽子，粘上帽子上的配件以及后脑勺的头巾，接出肩部的料。

18. 刻出肩部衣纹。

19. 用划线刀划出细胡须。

20. 进一步细化完成制作。

观音头像

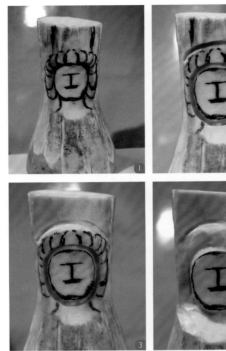

制作图解

1. 取一块实心南瓜料，用水溶性画笔画出观音头部轮廓。

2. 用掏刀围绕头部掏一圈，顶部发髻横掏出一道弧形。

3. 去掉弧形外围的废料。

4. 去掉面部外围的废料，将发髻部分修圆抛光。

5. 用中号 U 型刀在眼睛和鼻头的位置分别横戳一刀，注意两条凹槽保持水平。

6. 面部剖光，掏出眼睛鼻梁。

7. 掏出鼻头，勾勒出嘴巴的位置。

8. 定出嘴角，刻出观音嘴巴，嘴巴稍微小巧玲珑一点。

9. 初步刻画发髻轮廓。

10. 刻出头发饰物轮廓。

11. 将发饰进一步细化。

12. 刻出其肩部两侧的部分。

13. 刻出眼睛及眉心痣。

14. 刻出脖颈处的衣纹。

15. 进一步细化完成制作。

罗汉头像

制作图解

1. 取一块实心南瓜，用水溶性画笔画出罗汉头部大体轮廓。

2. 适量去除头部外围的废料，将面部抛光，用中号U型刀在眼睛和鼻头的位置分别横戳一刀，注意两条凹槽保持水平，定出眼睛鼻子的位置。

3. 掏出眉毛、眼包、鼻头，留出嘴巴的位置。

4. 进一步深化面部的轮廓。

5. 开始刻嘴巴，为了凸显出罗汉的神威，嘴巴可以适当夸张化，张得大一点。

6. 去除头部外围的所有废料，留出耳朵。

7. 面部进一步细化。

8. 刻出眼睛并将面部修圆抛光。

9. 侧面效果图。

10. 用划线刀划出眉毛，处理好细节即完成。

弥勒佛头像

制作图解

1. 取出一块实心南瓜料，画出弥勒头部大形，整个头形似一个葫芦。

2. 沿着头部线条掏出一个葫芦形大凹槽。

3. 用中号 U 型刀在眼睛和鼻头的位置分别横截一刀，注意两条凹槽保持水平。

4. 去除面部多余废料，将整个面部修圆抛光。

5. 修出眼部及鼻梁轮廓。

6. 刻画出鼻头。

7. 沿着鼻头向左右两侧定出嘴角。

8. 注意弥勒的嘴巴要稍微做大，嘴角上扬，笑意比较浓。

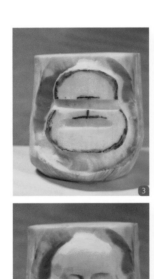

9. 下嘴唇偏厚，嘴巴咧开微微露出舌头。

10. 嘴巴完成，修出嘴角两边的酒窝。

11. 微微修出双下巴。

12. 开始刻画眼睛，注意两边的眼角向下。

13. 刻出眼珠。

14. 去除头部一侧的废料，开始修耳朵。

15. 去除头部另一侧废料，刻出耳朵。

16. 将耳朵修圆整个头部面部抛光。

17. 掏出颈部纹理。

18. 进一步细修完成。

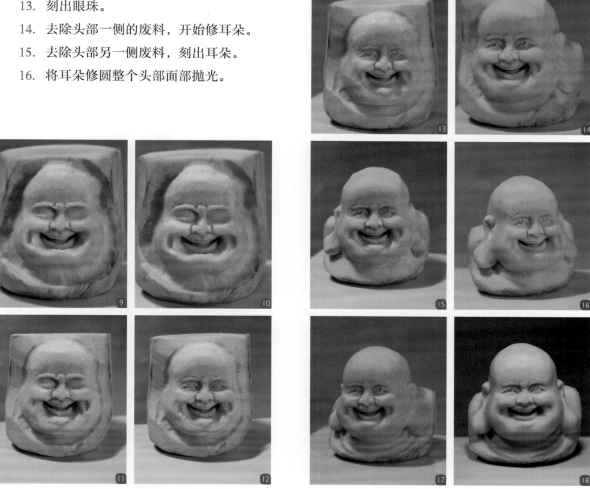

仕女头像

制作图解

1. 取一段实心南瓜，斜切一刀，在切面画出仕女头像的大形。

2. 用掏刀沿着头部线条稳稳的掏出一个圆形凹槽。

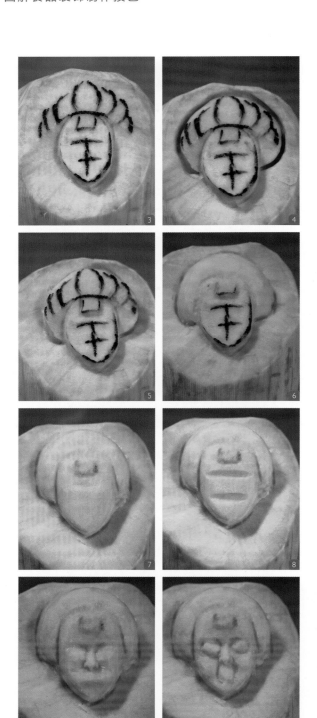

3. 去除圆形周围多余的废料。

4. 沿着头部发髻线掏出大半个圆形，稍微偏椭圆。

5. 去除椭圆形外围的废料。

6. 将头部发髻部分抛光。

7. 整个面部抛光修圆，留出额头鬓发。

8. 用中号 U 型刀在眼睛和鼻头的位置分别横戳一刀，注意两条凹槽要平衡。

9. 在两条凹槽中间位置掏出鼻梁，刻画出鼻头。

10. 掏出眼包，沿着鼻头两侧向下，定出嘴巴的位置。

11. 定出嘴角的位置，刻画出唇部，注意仕女的嘴巴稍微刻小一点显得清秀。

12. 刻出眼睛，面部进一步细化，让整个五官更加清晰。

13. 面部再抛光，开始刻鬓发。

14. 去除鬓发以外的头部废料。

15. 去除颈部的废料,修出耳部两侧的发髻,留出两侧肩膀。

16. 细化颈部,粘上头顶的发饰,开始刻发丝。

17. 发丝细化完成后装上耳坠。

18. 粘上耳角的鬓发。

19. 头顶粘上花朵加以装饰插上发簪。

20. 进一步细修完成。

寿星头像

制作图解

1. 取出一段实心南瓜料,画出寿星头部的基本轮廓。

2. 用主刀沿着画出的轮廓去除头部一部分废料。

3. 进一步去废料,修出寿星的额头。

4. 用小号掏刀掏出眉毛及眼眶。

5. 用划线刀划出额头的皱纹。

6. 用小号掏刀掏出眼包。

7. 进一步细化,掏出鼻头,抛出脸部,留出嘴巴的位置。

8. 刻画出嘴巴,注意两边嘴角稍微向上,凸显出笑意,并用划线刀划出嘴角胡须的大形。

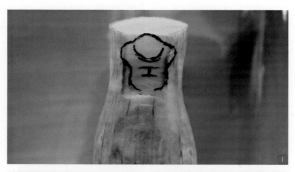

9. 定出两个眼角的位置，开始刻画眼睛，注意眼角的细纹。

10. 去除面部两侧的废料，开始雕刻耳朵，同时用划线刀划出耳部下方的胡须纹理。

11. 轻轻划出眉毛的纹理，并接出一侧肩膀的料。

12. 刻画出另一侧耳朵。

13. 接出另一侧肩部的料并定出整个胡须的脉络。

14. 用划线刀划出细胡须，用砂纸把整个头部打磨光滑完成。

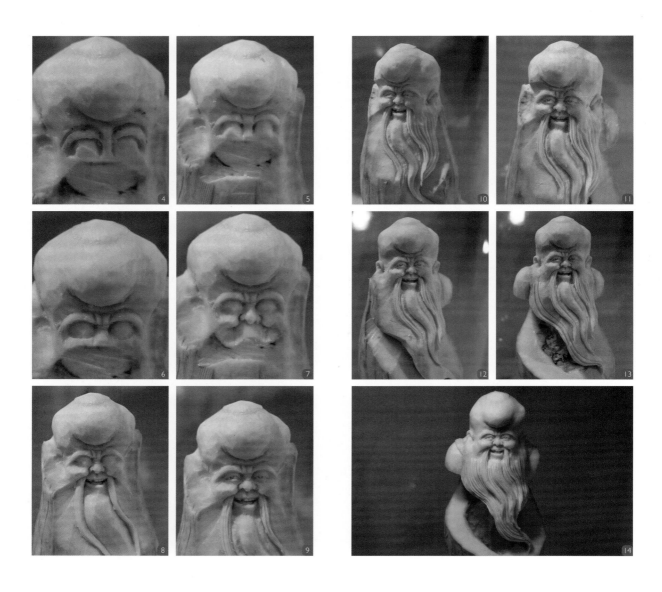

男孩头像

制作图解

1. 取一段实心南瓜，把表皮去掉，用水溶性画笔画出圆形的脸，头部最上端画的是头发的位置，整个圆形中间即眼睛的位置，眼睛下面竖的是鼻梁，横的是鼻头的位置。

2. 在圆形的四周用掏刀掏一圈，注意运刀一定要稳。

3. 用中号U型刀在眼睛和鼻头的位置分别横戳一刀，注意两条凹槽一定要平衡。

4. 沿着顶部头发的轮廓掏一圈。

5. 用中号U型刀在下巴上方横戳一刀，用主刀去除脸部外围的废料。

6. 去除头发外围的废料，同时把额头抛光修圆。

7. 用小号掏刀分别在眉骨下方掏出两道拱弧形，在两道拱弧形中间偏下方做出鼻子，注意小孩鼻梁刻画的不要太突出。

8. 用小号掏刀在头像左下方抛出脸蛋，同时把眼包掏出来。

9. 抛出另一边的脸蛋，同时把嘴巴的料留出。

10. 把上下嘴唇分别刻画出来，注意嘴巴不要太大。

11. 把整个脸局部抛光滑，让五官更加清晰明了。

12. 在眼包的两侧分别定出内眼角和外眼角，刻画出上下眼皮及眼珠。

13. 两个眼睛刻画完成，注意两边要对称。

14. 把眉骨做出来，去掉后脑勺废料。

15. 侧面中间的位置刻画出耳朵，去除多余的废料。

16. 刻画出另一侧的耳朵并去掉废料。

17. 刻画出耳部轮廓。

18. 用划线刀划出发丝，把整个头部用砂纸打磨光滑即完成。

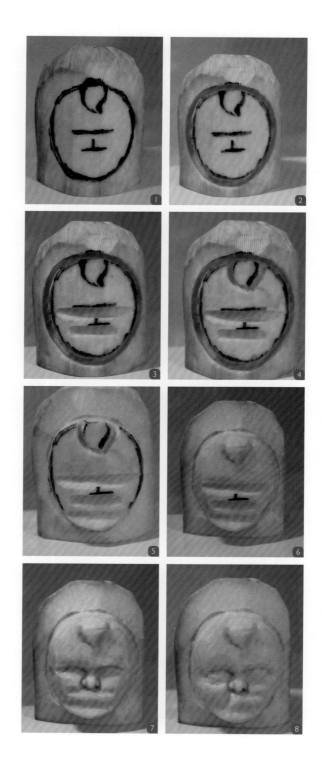

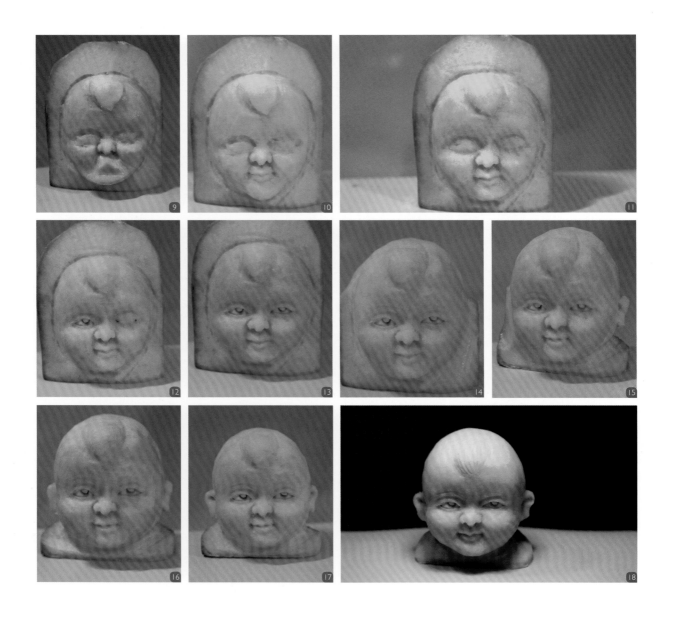

---------------------------------- ⬥ **渔翁头像** ⬥ ----------------------------------

🍃 **制作图解**

1. 取一段实心南瓜，用水溶性画笔画出渔翁头部基本轮廓。

2. 在圆形的上端用掏刀掏一半圈，注意运刀要稳。

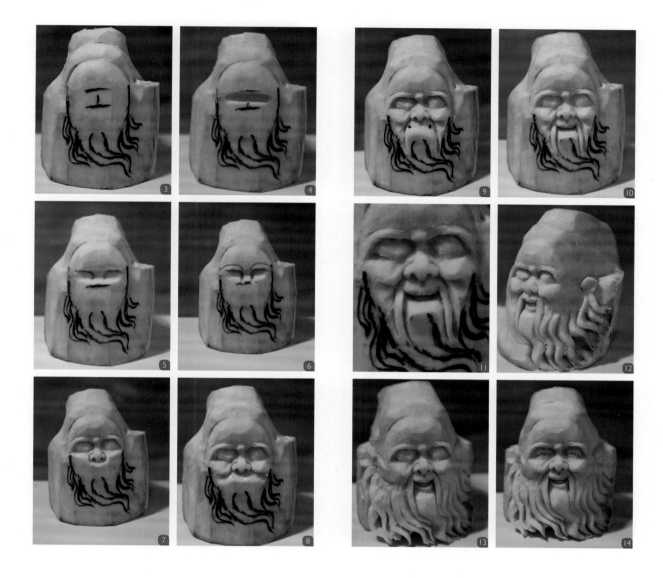

3. 去除头顶的废料，留出头发的部分。

4. 用中号 U 型刀在工字上边即眼睛的位置横戳一刀，注意运刀平稳。

5. 在刚刚戳出的凹槽内掏出眼部大形。

6. 用划线刀划出眉毛。

7. 掏出眼包并在正下方刻画出鼻头。

8. 去除面部废料，留出两侧脸蛋。

9. 用划线刀沿着鼻子两侧分别下划，留出嘴巴的位置并定出两边嘴角。

10. 先刻画出上嘴角并刻划出牙齿。

11. 开始刻下嘴唇，注意两个嘴角微微向上，

嘴巴张开露出舌头，下嘴的牙齿不用刻画，这样可以使老人的面部显得更加祥和。

12. 去除一侧的废料，开始刻画耳朵，用划线刀划出胡须，注意线条要流畅，有曲线美。

13. 另一侧同理。

14. 给渔翁开眼，刻出眼珠。

15. 刻出头部的皱纹，划出细胡须。

16. 去除耳部废料，细化耳朵，划出发丝，细化头部。

17. 头发顶部效果。

18. 进一步细化处理完成制作。

赏花

 制作图解

1. 取实心南瓜横刀戳出脖子定出头部面积，用主刀修出椭圆头形，从头顶前 1/3 斜至脖中间定出脸部位置，主刀修出椭圆脸形（留出下巴和额头刘海儿）。用 U 型刀推出头顶拱起的发际位置，主刀修出形，让脸与发际过渡自然。用主刀去废料雕出耳朵后发髻大形。

2. 用 U 型刀按脸部五官三庭五眼的规律，在脸部上 1/3 处推刀定出眉毛位置。用主刀去废料雕出圆柱形的脖子（长于鼻至下巴距离），用掏刀掏出颈窝，并从颈窝向上至两边耳后用 U 型刀推出两根脖子筋脉，从颈窝两边横向用 U 型刀推出锁骨位置。

3. 用 U 型刀去料定出三庭，按五眼规律定出两内眼角位置，再推出上弯的眉毛和桃形眼窝。

4. 用 U 型刀竖刀去两边废料推出鼻子大形，主刀修出挺直小巧的鼻翼和鼻尖。用 U 型刀在下庭横戳一刀定出下唇位，再去两边废料留出中间嘴的料，主刀在鼻尖至下唇的 1/3 处横刀划出中间唇线，再上下斜刀去废料修出上唇形，中间用小号 U 型刀轻推出鼻中隔。下唇用主刀修饱满，掏刀掏出嘴角，稍稍上扬，显出微笑的表情。用主刀进一步去作品棱角、修出各部位准确形状，并用砂纸打磨光滑。用主刀修出额头刘海儿拱起的形状。用划线刀由前至后划出发丝。

   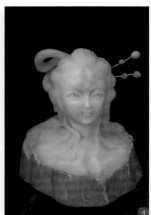

5. 用主刀在眼窝处划出月形眼眶（微笑状），去眼眶内两眼角废料修成半球形，用主刀对称地在两眼球中划大小半圆，去中间料刻出眼珠。用主刀在大料上取三块胆形料雕后发髻，去中间料修成环状，划线刀划出发丝错落地粘在脑后。用掏刀在大料上掏出大小半圆，粘成圆形并用铁丝串好插在发髻另一侧。用主刀在大料上划 S 形雕两侧鬓发，片刀取下料，再用划线刀划出发丝，分别粘在耳后，拖至胸前。

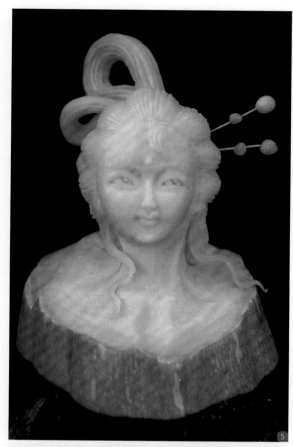

6. 取实心南瓜，按 7 个半头的比例粘好下半身料（要一肩高一肩低，以表现仕女侧头后仰的婀娜姿态）。按肩宽为两个脸的比例雕出双肩，雕出隆起的前胸（下巴至乳峰为一个头的比例）。雕出左前手臂（下巴至肘关节的长度为两个头，肘至腕长度为一个头）及衣褶大型。

7. 用主刀雕出仕女腰身大形（下巴至腰节为两个头长），让后腰凹，前胸凸起才能显现仕女身材曲线。用主刀雕出蓬松的裙下摆大形，用 U 型刀推出大裙褶。

8. 进一步用主刀和掏刀雕出左手臂大形和动态，留出手臂上第一道衣褶。用主刀雕出飘逸的裙下摆曲线，掏刀进一步推出裙褶，表现出风吹动裙向后飘的动态。雕出外露的脚大形。

9. 用主刀雕出胸部大形，掏刀掏出胸前衣纹，主刀进一步雕出胸部领口和乳沟，去余料修光滑衣纹。用小号掏刀掏出腋下衣褶。用主刀划曲线定出袖口外形，斜刀去中间废料，让袖口中空。

10. 主刀雕出腹部和两腿大形。用 U 型刀推出裙褶走向（风由前向后吹），主刀依腿形将裙褶修光滑（皱褶越细越能表现衣服的轻薄和贴身）。用掏刀掏出腹部衣褶，主刀修光滑，让与身体过渡自然。主刀雕出外露的左脚。

11. 进一步细化上衣的衣纹并接出仕女的手臂。

12. 先雕刻出左手，粘上手链加以修饰，注意仕女的手一般比较纤细修长。

13. 雕刻出仕女的腰带，注意带子的曲线及纹理走向，下身裙摆的衣纹进一步细化，粘上散落的花朵。

14. 刻画出另一只手，给左手拿上花朵。

15. 头部细节图。

16. 进一步细化，用砂纸打磨光滑完成。

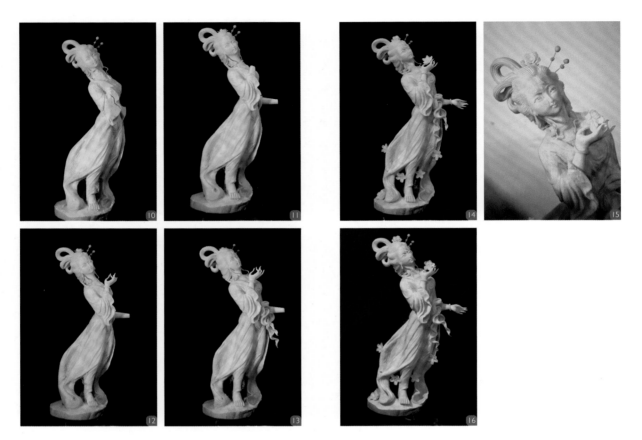

◤ 西施 ◥

🍃 制作图解

1. 选 4 根胡萝卜，用 502 胶水粘接出西施坐姿的初形。

2. 用手刀修出头、手、身体、脚的大形并用砂纸打光滑。

3. 刻出头部五官、发髻、衣领，注意人物头像的三庭五眼。

4. 用 U 型刀结合掏刀刻出身体上、大腿、小腿及手臂上的衣纹，注意衣纹要顺势自然。

5. 粘接上手臂，并刻出底座的石头及马蹄莲粘接在底座上。

6. 刻出兰花指、侧面小带、正面飘带、及底座上的小草并一一粘上，注意小草的摆动方向要一致。

7. 雕出耳坠、鬓发、手镯、手持花朵，并一一装上。

3. 动植物系列

鸟翅膀

🍃 **制作图解**

1. 选一段南瓜肚子，用打皮刀去皮，主刀刻划出翅膀的轮廓，斜刀去掉余料，并用 360 目砂纸打光滑。

2. 在翅膀轮廓边缘用划线刀划出绒毛，再用主刀以斜刀法（手稍抖动，以突出绒毛的参差层次）去余料。

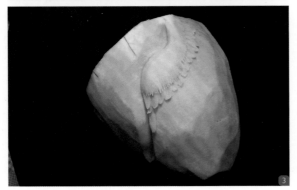

3. 用主刀以斜刀法刻划出小翼羽，并用斜刀去余料，注意羽翼之间的参差层次，做到每片羽翼厚薄均匀。再用划线（阴雕刀法）划出羽骨。用主刀以斜刀法在整排小翼羽下去一层料。

4. 用主刀继续刻出复羽（长度长于小翼羽），再以斜刀法去整排复羽下的余料。用划线刀以阴刀法划出每片复羽的羽骨。

5. 用主刀以斜刀法刻出飞羽，前面飞羽长并弯，逐渐往后变短，要显出羽毛的参差层次。同样划出每片飞羽的羽骨。

6. 用划线刀以阴刀法在每片小翼羽、复羽、飞羽在羽骨两侧均匀划线，以显出羽毛的真实感。

鸟头

🍃 **制作图解**

1. 取一段实心南瓜，用主刀在一侧从中间向外用斜刀法削去一块原料。

2. 同样在另一侧削去相同的废料，注意原料前部必须保持梯形呈薄斧状。

3. 在薄斧状侧面用彩色水溶性铅笔（文具店有卖）画出鸟头外形轮廓。

4. 用主刀从上嘴至背部去除废料。

5. 用主刀去除上嘴部废料。

6. 主刀去除下嘴部废料。

7. 用主刀从下嘴至胸脯进刀以除废料。

8. 用主刀在胸脯下方横刀进刀拿出废料。

9. 从嘴前中部用斜刀法去除一侧废料。

10. 去除另一侧废料，注意留出中间嘴尖。

11. 准确按鸟头的大小和脖子粗细去除废料。

12. 同法去除另一侧废料，注意两边对称。

13. 去除鸟头上部一侧的外形棱角线。

14. 去除鸟头上部另一侧的棱角线，注意鸟头呈饱满的弧形。

15. 用主刀从下嘴尖至胸脯用斜刀法去棱角线。

16. 去除另一侧鸟头下部棱角线，注意鸟下嘴呈锥形，胸脯饱满。

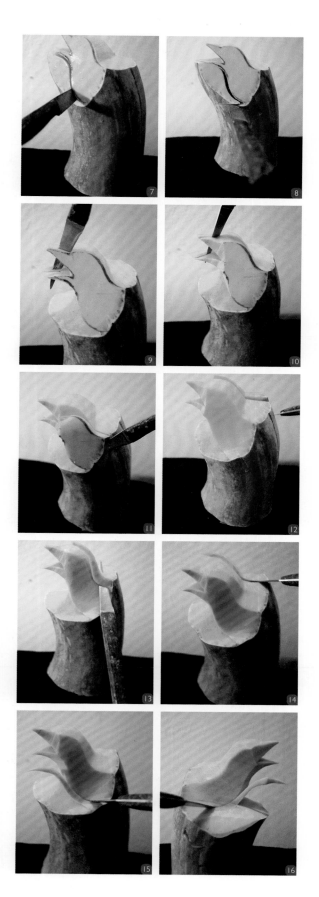

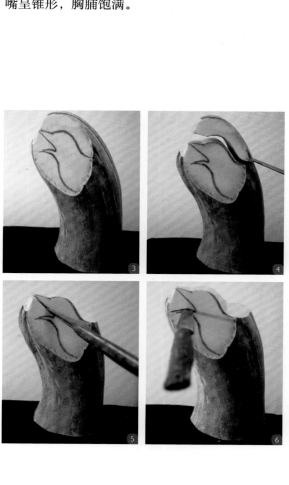

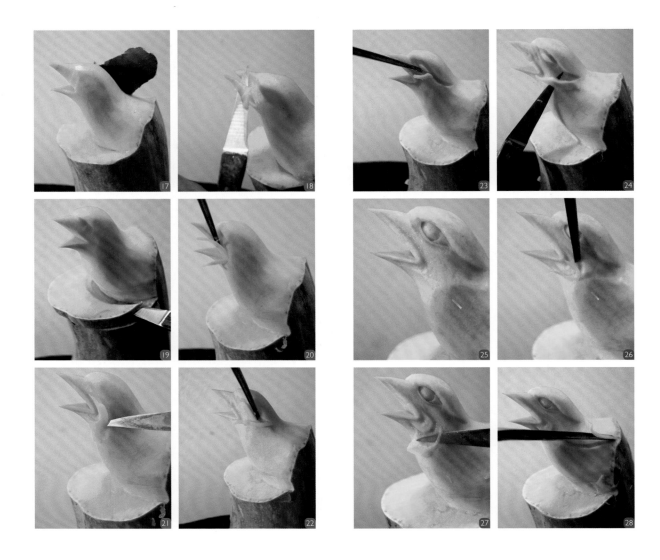

17. 用 360 目砂纸把鸟头外形打磨光滑（嘴部除外）。

18. 用主刀以斜刀法去除上嘴两侧的棱角线，使上嘴呈倒锥形，注意上嘴比下嘴宽大。

19. 进一步去除胸脯下方废料，使鸟头与底座分开。

20. 用小号 U 型刀在上下嘴两侧剔掉余料，使鸟嘴唇线突出。

21. 用主刀以斜刀法去除嘴后及脸部的废料。

22. 用小号 U 型刀划出头翎及上眼眶形状。

23. 同样，用小号 U 型刀划出下眼眶形状。

24. 用主刀以斜刀法去除眼眶及头翎下方的废料。

25. 用主刀在头翎下进一步刻出眼眶大形，再在眼眶内掏出弧形眼珠，用小号 V 型刀划出下眼线。

26. 用小号 U 型刀推出嘴角绒毛大形，呈半圆 U 型状，包住嘴后部。

27. 用主刀以斜刀法去除嘴翎后的废料，与脸部的自然过渡。

28. 用小号 U 型刀分别剔出脖子上部翎毛的大形，用主刀去掉翎毛部分的棱角及下部废料，与脖子自然过渡。

29. 同样，用小号 U 型刀剔出脖子下部翎毛大形。在鸟脖上部和下部剔出脖子翎毛外形，去除废料与后脖过渡自然。

30. 用划线刀分别划出头翎、嘴翎、脖翎的绒毛。

31. 用 V 型刀从下嘴前向后插刀，再轻轻向上翘起至嘴中部后抽刀，雕出嘴中翘起的舌头，表现鸟的鸣叫状态。

32. 接着用大一号的 U 型刀剔除上嘴内部废料，调整舌部，让鸟嘴呈啼鸣状。

33. 用小号掏刀在上嘴后部两侧对称掏出鼻孔形状，用主刀以斜刀法去除嘴翎及脖翎下的废料，使绒毛自然散开，注意与脖子的自然过渡，最后安装合适大小的仿真眼。

34. 鸟头制作完成。

 美食

🍃 制作图解

1. 取一段实心南瓜雕出一只完整的鸟。

2. 用南瓜肚做树干底座，用实心南瓜雕出树干和树枝，注意树枝的生长规律，小树枝均朝主枝的末端方向四散生长，要互相错落隔开。把鸟粘在主干上，取一半圆南瓜做补啄的果实（南瓜瓤作为中间啄烂的果肉），粘在鸟嘴前方树枝。

3. 用南瓜皮做果子枝，掏刀掏出两半圆对接粘成圆形，用主刀修成果子状，以旋刀法掏出果中心粘好枝条，两至三个组合粘在错落的树枝上。用主刀取叶形南瓜，用划线刀划中间主叶脉，再用主刀以片刀法去余料，用划线刀划两边小叶脉，刻成叶子粘在树枝上。取一些小段南瓜削出不同的形状作小石子散在树下，取南瓜薄片刻出草形粘在石缝间，一只饱尝果子的鸟就雕完了，寓意丰衣足食。

4. 头部细节图。

---------------------------------- ▶︎▶︎ **家中月季** ◀︎◀︎ ----------------------------------

 制作图解

1. 取一段原料，用主刀先在外层均匀刻出五片花瓣（注意花瓣呈自然的弧度），去掉余料后，接着刻出第二层，直至第五层（越到后面花瓣越小，外卷弧度越小）。最后空出中间原料作为花心（稍显倒锥形）。

2. 取一片南瓜皮，分成三片不同大小的叶片，在叶面用划线刀叶脉。

如上刻出三组叶片后，取一根南瓜条刻削出花茎，与花朵、花叶错落地粘好，形成花枝。

3. 再取一大段原料，用主刀刻出花瓶外形（注意瓶口保持起伏的弧状），然后用360目砂纸打磨光滑。

4. 如上再刻出第二枝月季，和第一枝错落地粘在瓶口。再取一细条南瓜皮在瓶颈粘出蝴蝶结形，刻完后一个娇艳盛开的瓶插月季就完工了。

桃花鹦鹉

 制作图解

1. 取一段实心南瓜刻鹦鹉身体，在主料前部和后部分别粘料刻头部和尾部。刻出鹦鹉的身体大形，注意身体呈蛋形，尾部呈扇形，翅膀呈半圆形，腿在身体后1/3处，腿下肢稍长于上腿，嘴部呈饱满的圆形，头翎向上翘起。

2. 按雕鸟类的基本技法雕出鹦鹉身体的细节和羽毛，注意鹦鹉的脚趾是按前面两个、后面两个脚趾的秩序排列。

3. 鹦鹉嘴部大，特别是上嘴宽大且硬实，用主刀在头部划出嘴部形状，沿嘴部平刀去废料，再用主刀划出上嘴的一层皮形，再平刀沿上嘴去废料。用主刀光滑地刻出上下嘴，注意上嘴向下呈钩状，下嘴向上呈钩状，中间舌部必须用主刀从下嘴两侧划出锥状舌头，并用主刀挑起。用小号掏刀在嘴中部对称地掏出鼻孔。用主刀在头部对称刻出圆圆的眼睛轮廓，安装上仿真眼。

4. 刻好树枝，用主刀片出一些薄南瓜片，用主刀取花瓣形，用小号U型刀取南瓜细丝作花蕊，将花瓣依次粘在花蕊上，形成花朵。取南瓜皮刻出叶子外形，划线刀划出叶脉。将花和叶错落地粘在树枝上，一件喜庆的桃花鹦鹉食雕作品就完成了。

夏日荷塘

 制作图解

1. 雕出第一只抱翅小翠鸟的大形，翠鸟的嘴细长，脖子短，身体短，尾巴也短呈扇形，肚子要饱满呈半圆形，身体后1/3处雕出腿形，翅膀抱着呈半圆形。

2. 雕出第二只展翅的小翠鸟身体大形，粘上张开的嘴和尾。

3. 依第二只鸟的身体比例，雕出小翠鸟半张开的翅膀，翅膀末端的长羽要向外翘起才能有动感。

4. 取一段实心南瓜削成圆柱形作莲蓬，下部削小，边缘用U型刀戳出波浪型，用主刀削光滑。用划线刀在上面周边划边缘线，用主刀去一层余料。用小U型刀在中间部分戳出一些圆作莲心，用主刀去莲心四周的一层余料，用小号掏刀在莲心中间掏出莲子心。

5. 取大小长方形南瓜各削成小舟形作荷花花瓣，用掏刀掏去中间废料、主刀去外层废料，用360目砂纸打光滑，再用划线刀划出花瓣纹理。用小V型刀戳出小莲蓬四周的花蕊。取南瓜条削成上细下粗的一根花茎，用小号V型刀在茎干上分别戳出小刺。将小莲蓬心和花蕊、花瓣依次粘在花茎上，一

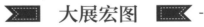

枝盛开的荷花就完成了。

6. 取一块扁型南瓜料,削成圆形刻展开的荷叶,用主刀以旋刀法去中间料,用划线刀划出中间荷叶心,用主刀平刀法去料。用主刀向下去周边废料,形成荷叶向下的卷状,再用U型刀在四周去波戳出上下的波浪皱褶,用主刀划出荷叶边的波浪形。用划线刀划出荷叶的枝丫型叶脉。取圆柱形南瓜条刻卷状荷叶,用主刀划出卷叶的结构形状,一边叶在中间覆盖在另一边上,用主刀削去上层叶边的废料,让叶成拱形。用主刀削去上层与下层叶之间的废料,让两叶间形成空隙,再用主刀去下层叶废料,掏刀去叶两头废料,成薄叶形,划线刀划出荷叶纹理。

7. 用南瓜料做成柳枝和柳叶,柳树枝后绑一根铁丝支撑。用南瓜雕成形态各异的石头形,将柳树、翠鸟、荷叶等各部件组装好,荷叶面积大下部重心稳,与站柳枝上的翠鸟和站上头的翠鸟成斜三角形,两鸟上下呼应增添了画面的活力,碧绿的池塘、飘逸的柳枝、盛开的荷花、鸣唱的翠鸟,一幅夏日荷塘的景象。

大展宏图

制作图解

1. 取稍弯形长南瓜的前部,依南瓜的弧形雕出老鹰身体大形(因为材料限制,为表现翅膀的宽大,身体可稍小,但两肩明显),因老鹰腿部强壮,相对比例要大,多留出腿下部料,用掏刀掏出腿下羽毛的层次,再用划线刀划出羽毛的细纹理。取小段南瓜雕出老鹰的头部大形粘上,为表现老鹰的凶猛,嘴部要粗大,上嘴要尖并呈弯钩形。

2. 用划线刀划出脸部的绒毛,为表现羽毛的蓬松感，先用主刀以直刀法均匀划出一圈半圆形羽毛，再用主刀以斜刀法呈 30°角去除每片羽毛下的余料，如此法用主刀从头顶、颈至前胸依次雕出羽毛由小至大的均匀变化层次，羽片越大，去余刀斜的角度越大，最大至 45°角，用划线刀在每片羽毛中间轻轻划出一两道线，表现出羽毛的纹理。在头部两侧用主刀雕出眼部，安装上仿真眼。用 U 型刀划出嘴部唇线，用小号掏刀对称地掏出上嘴后部鼻孔。用 V 型刀由嘴尖至喉插入再稍翘起抽刀表现舌头。

3. 如上法，雕出腿部蓬松的羽毛。取九片薄南瓜片（中间厚，四周薄），刻出尾翎大形，用划线刀划出每片翎毛中间的茎脉，用小划线刀在羽毛边缘每隔一段轻轻划两刀，表现出羽毛的自然纹理。再按中间大、两边渐小的秩序将九片尾翎粘在身体后部。

4. 用主刀在底座上刻出枝干大形，再取南瓜条刻出小枝干，分别按树枝生长规律粘好，形成树枝，再用大小掏刀掏出枝干的纹理、骨节和树洞形状。

5. 从翅膀前肢骨均匀地刻三至四层小羽，接着按秩刻三至四层中羽，从翅膀 1/2 处始刻长长的飞羽，稍呈参差排列状。最后用划线刀刻出羽毛的纹理。

6. 为表现老鹰的凶悍，翅膀和脚爪可稍夸张地刻大些。取两片南瓜肚，依南瓜肚的弧型刻出翅膀的大形，呈抱状，翅膀骨骼的前部稍大于后部，并呈内弯型。为表现翅膀的动感，两端的飞羽可外粘，呈向外翘状。

7. 取一段方形南瓜按着前三大脚趾，后一小脚趾的形状刻出大形，刻出每个脚趾的大形，指甲呈内弯形。用主刀和掏刀雕出爪心和每根脚趾内部的肉茧，再用主刀在肢爪上部呈梯状刻出层层鳞皮。将完成后的脚爪粘在腿上。取片扇形薄南瓜皮用主刀刻出松枝叶粘在树枝上。

8. 一只从松枝上展翅欲飞的威猛老鹰就呈现在面前，作品喻示大展宏图。

雄鹰展翅

制作图解

1. 海浪的底座细节图。
2. 老鹰的翅膀及身体特写。
3. 老鹰一侧的翅膀。
4. 老鹰的另一侧翅膀。
5. 老鹰头部特写。
6. 小鲤鱼特写。
7. 海浪特写。
8. 海浪和小鲤鱼。
9. 整个作品大小参考图。
10. 成品图。

凤戏牡丹

制作图解

1. 取一实心南瓜顶部刻出凤凰的身体，注意身体呈椭圆形，在身体后部刻出腿部，以身体为参照物按比例取方形南瓜粘在身体脖子处，注意凤凰的脖子比较长。在方形料上从嘴部至脖子依次刻出凤头，注意头翎向上翘起，嘴下的肉坠用主刀刻出胆状大形后，用掏刀掏出肉坠的皱褶。先用主刀在脖子上刻出一圈长长的脖刺（后端稍呈大 S 形，为更显飘逸感，可用 V 型刀在大料上划 S 形戳出一些翎羽添粘在脖子上），用主刀以 15°角斜刀法去除脖刺下的废料，接着逐层刻出身体上的半圆羽毛。

2. 逐层刻完身体半圆羽毛后，在身体尾部用 V 型刀戳出一圈细长的护翎，再用 V 型刀在大料上取一些护翎添粘在上层护翎下。再取两大块料刻出翅膀，为表现凤的动感，两翅可分别呈大张和半张形粘在身体中段两侧。

3. 在南瓜肚上用划线刀划出大 S 形作为长尾翎的羽茎，用主刀以片刀法去除羽茎两边的废料，再用划线刀在羽茎两侧划出纹理，以斜刀法去除下面废料，稍抖动刀让羽毛呈参差感，再在两侧分别用主刀划小 S 形刻出飘逸的大羽翎，并用划线刀在中间划出小羽脉。长尾翎的末端刻出水滴形美丽的彩翎，并在外层也如上法刻出两层大小羽翎。刻出三根尾翎后按中间长，两边短的秩序分别粘在尾部护翎下。

4. 为增加尾部的丰富层次感，再在尾部增加一些护翎。用划线刀在大料上划出护翎主脉，去除一边废料，再用划线刀划出一侧纹理后，用主刀稍抖动手以斜刀法去料。类此雕出 6 ~ 7 根长短不同的护翎粘在长尾翎上，其间可再参差地增粘一些细长的护翎。用主刀在两片南瓜上刻出一对扇形的相思羽，上端呈波浪形，并用 U 型刀戳出圆形装饰，刻完分别粘在尾部两侧。

5. 用一段南瓜在 1/2 处去除余料做后部脚肢，前部刻出三脚趾大形，腕部刻出锥形小指，用主刀细雕出脚趾形状，注意指甲呈弯钩形，掌和脚趾内侧有肉茧，上部脚趾皮呈梯形鳞状。

6. 用主刀雕出树干，粘好树枝，用掏刀掏出树皮和树洞等纹理。取大小段正方形南瓜，用主刀刻出牡丹花瓣的外形（边缘呈波浪形），再用掏刀去内侧废料，形成花瓣形，按大小秩序逐层粘出牡丹花，再取南瓜皮，刻出叶子，花和叶错落地粘在树枝上，一件喻示富贵吉祥的凤凰戏牡丹食雕作品就完成了。

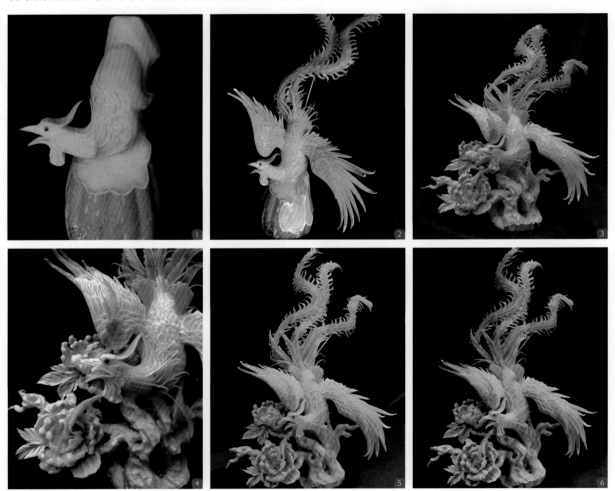

---------- ◆◆◆ **凤凰牡丹** ◆◆◆ ----------

 制作图解

1. 凤凰的头部细节图。

2. 凤凰尾巴。

3. 凤凰的身体特写。

4. 牡丹花细节图。

5. 凤凰尾巴特写。

6. 整个作品大小对比图。

7. 成品图。

---------- ◆◆◆ **龙凤呈祥** ◆◆◆ ----------

 制作图解

1. 取一块胡萝卜根部的料，顶端雕刻出龙的鼻子，沿着鼻头左右两边斜切一刀如图所示。

2. 下角接一段料，侧面画出龙嘴的弧线。

3. 沿着弧线雕刻出嘴的边角。

4. 从鼻子开始依次雕刻出眼睛、龙角、龙耳、龙腮、龙腮刺。

5. 雕刻出龙发。

6. 在龙角下方位置粘上龙发。

7. 给下嘴角粘上龙须。

8. 雕刻出龙的长齿。

9. 雕刻出龙的短牙。

10. 粘上龙眉，去除眼包，插上仿真眼睛。

11. 嘴角粘上獠牙，去掉嘴部废料，粘上龙舌。

12. 龙鼻前端粘上水须。

13. 龙鼻左右两侧粘上水须，整个龙头制作基本完成。

14. 刻出龙爪大形。

15. 粘上左右两边爪趾。

16. 把爪趾的棱角稍微修一下。

17. 将小腿及龙爪进一步细化。

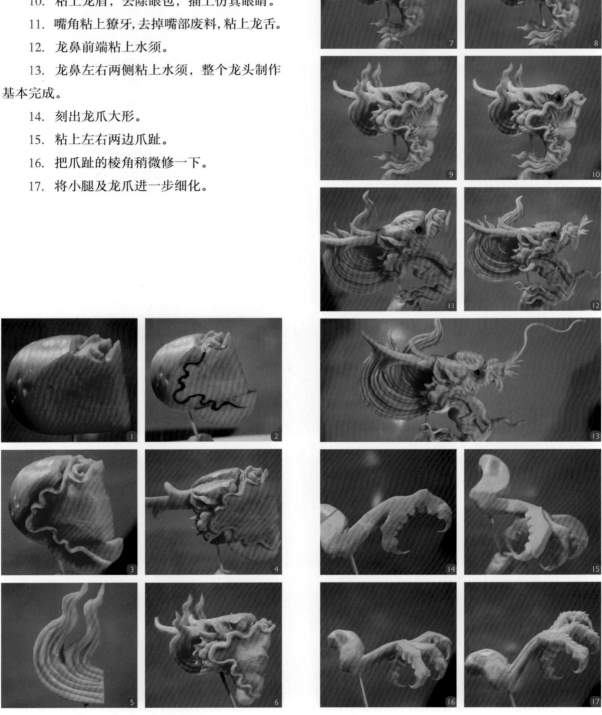

18. 刻出大腿上的鳞片。

19. 粘出肘毛。

20. 用胡萝卜粘接出龙身体前端部分。

21. 身体修圆剖光滑，注意龙身的粗细变化。

22. 刻出龙身的鳞片、腹甲。

23. 粘接出龙身体的中间部分并修光。

24. 刻出腹甲和鳞片。

25. 粘接出龙身尾部并修光，剖光后刻出鳞片和腹甲备用。

26. 刻出龙尾。

27. 刻出龙尾根部的鳞片。

28. 完成龙身体各部件后开始凤的制作，首先刻出凤头的大形。

29. 去除头部棱角并剖光滑。

30. 掏出凤凰眼包，刻出眼角及上下眼皮，用掏刀如图所示掏出一道弧线。

31. 沿着弧线刻出凤凰的腹甲。

32. 刻出凤凰的凤冠。

33. 粘上凤冠上的翎毛。

34. 插上仿真眼睛，完成整个头部制作。

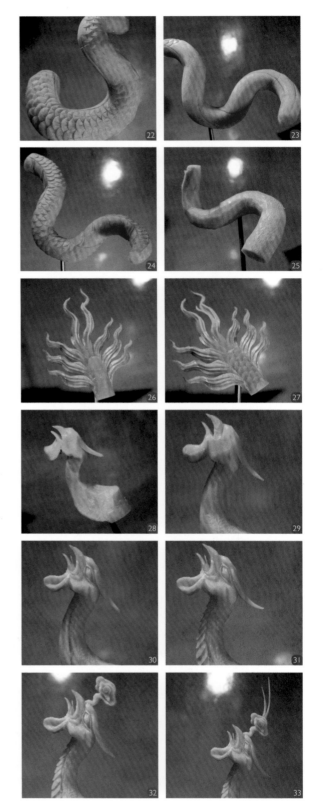

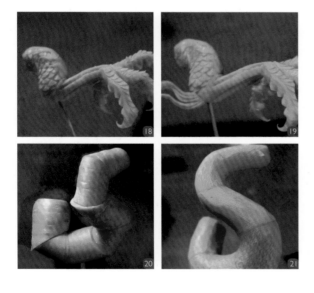

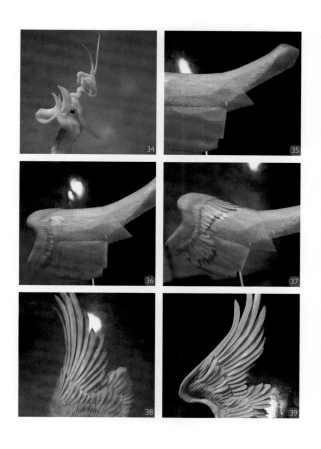

35. 粘接出凤凰翅膀大形。

36. 开始刻凤凰翅膀的第一层细羽毛。

37. 刻出第二层羽毛。

38. 翅膀完成效果。

39. 翅膀的另一侧细节图。

40. 刻出凤凰身体，粘接上头部。

41. 用白萝卜粘接出云彩的底座。

42. 将刻好的云彩粘接到白萝卜上面。

43. 如图所示依次粘接。

44. 粘接完成的效果图。

45. 把零部件粘接起来组合好的龙。

46. 把刻好的凤凰的零部件粘接好与龙组合
起来即完成整个作品。

相依相偎

制作图解

1. 孔雀头部细节图。

2. 孔雀翅膀。

3. 装饰竹子细节。

4. 装饰的竹片。

5. 孔雀尾巴。

6. 另一只孔雀头部细节。

7. 另一只孔雀特写。

8. 两只孔雀特写。

9. 整个作品完成效果图。

青笋腾龙

制作图解

1. 龙爪细节图。
2. 点缀的火焰。
3. 底座的浪花。
4. 尾部的龙爪。
5. 龙头特写。
6. 龙尾特写。
7. 龙的大小效果图。
8. 成品图。

鲤鱼献珠

制作图解

1. 选一根胡萝卜，用主刀开出鲤鱼的大形，注意身体及尾巴的摆动。

2. 再用手刀结合 U 型刀刻出底座的第一组水浪。

3. 剩下的余料刻出第二组、第三组水浪。

4. 用360目砂纸将鱼身打光滑，用U型刀推出上嘴及下嘴唇线，然后刻出眼睛、鱼鳃以及身上的鳞片。注意身体中间的鳞片应该最大。

5. 取一块余料，刻出底座附加的水浪。

6. 刻出鱼尾、背鳍及嘴里吐出的水珠。

7. 将刻好的附加水浪组装在底座上。

8. 刻出水珠点缀在水浪上，装上胸鳍、腹鳍、鱼须即可。

---------------------------------- ▶◆ 鱼跃 ◆◀ ----------------------------------

🍃 **制作图解**

1. 取两段实心南瓜，粘接在一起，画出鲤鱼身体的基本轮廓。

2. 去除头部大块多余的废料，在身体翻跃的部分掏出一道弧形。

3. 去除身体边缘的废料，将身体修圆剖光。

4. 粘接上鱼尾。

5. 刻画出鱼眼，装上仿真眼睛。

6. 划出鱼尾细纹。

7. 从头部开始刻鱼身体的鳞片。

8. 鱼鳞刻完效果图。

9. 装上刻好的背鳍。

10. 分别装上鱼的臀鳍、腹鳍和胸鳍。

11. 用白萝卜雕刻出水浪的大形。

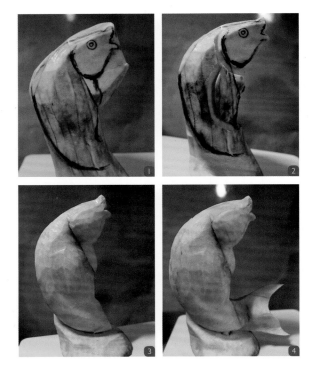

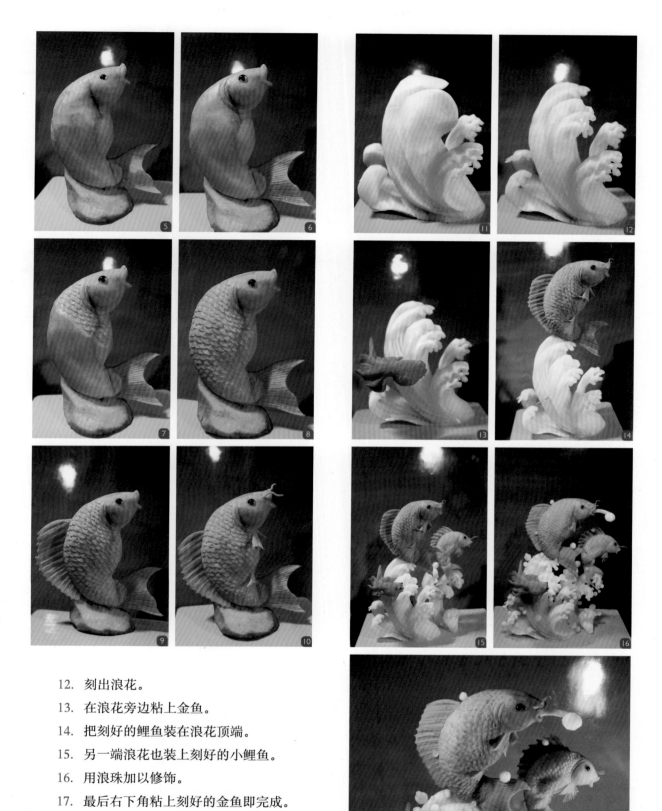

12. 刻出浪花。

13. 在浪花旁边粘上金鱼。

14. 把刻好的鲤鱼装在浪花顶端。

15. 另一端浪花也装上刻好的小鲤鱼。

16. 用浪珠加以修饰。

17. 最后右下角粘上刻好的金鱼即完成。

金鱼戏珠

制作图解

1. 刻画出金鱼身体的基本轮廓。
2. 刻出鱼鳞，用划线刀划出尾部的纹理。
3. 粘上刻好的鱼鳍和眼包，装上仿真眼睛。
4. 金鱼细节图。
5. 另一条金鱼细节图。
6. 最上端的金鱼。
7. 金鱼的俯拍效果图。
8. 成品图。

如胶似漆

制作图解

1. 雕刻出海豚身体的基本轮廓。
2. 雕刻出另一只海豚。
3. 将海豚的身体修光滑，装上仿真眼睛。
4. 海浪细节图。
5. 海浪与海豚组合在一起完成的效果图。

亭亭玉立

 制作图解

1. 天鹅的头部。
2. 天鹅的翅膀。
3. 天鹅身体大形。
4. 天鹅大小参考图。
5. 成品图。

展翅欲飞

 制作图解

1. 仙鹤头部。
2. 仙鹤翅膀。

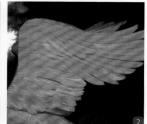

3. 荷花。

4. 仙鹤爪子。

5. 成品图。

---------------------- ◢◣ **牛气冲天** ◢◣ ----------------------

 制作图解

1. 取一段实心南瓜，用水溶画笔在上面粗略画出牛头部轮廓。

2. 去除轮廓线以外多余的废料。

3. 进一步去除头部的废料，初步剖光，定出眼包位置。

4. 大致定出牛鼻子嘴巴的大形。

5. 粘上刻好的牛角。

6. 刻出牛的眼睛及头部身体肌肉。

7. 给牛装上仿真眼睛。

8. 取两段南瓜粘接好，接出牛的身体。

9. 接好身体，粘接好四肢及尾巴。

10. 修光后的成品图。

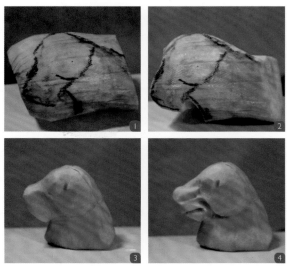

奔跃兔子

 制作图解

1. 兔子头部细节图。
2. 兔子耳朵特写。
3. 兔子腿部细节。
4. 装饰的花草细节。
5. 兔子尾巴特写。
6. 兔子完成效果图。

鹬蚌相争

 制作图解

1. 渔翁头部细节图。
2. 鹬蚌相争特写。
3. 成品图。

三、果蔬雕刻作品欣赏

■ 比翼双飞

■ 捕食

■ 凤凰

■ 山羊

■ 海豚戏珠

■ 金枪鱼

■ 花好月圆

■ 玉兰情

■ 雄狮

■ 金鱼戏莲

■ 金鱼戏水

■ 鲤鱼戏珠

■ 龙

■ 守护

■ 龙

■ 龙凤呈祥

■ 猎豹　　　　　　　■ 龙马精神　　　　　　■ 牛

■ 母爱　　　　　　　■ 鸟语花香　　　　　　■ 扭转乾坤

■ 盘龙　　　　　　　■ 麒麟玉书　　　　　　■ 鲨鱼

■ 西瓜灯　　　■ 西瓜灯　　　■ 西瓜灯　　　■ 西瓜灯

■ 喜鹊　　　　　■ 喜鹊登枝　　　　■ 鹦鹉

■ 仙鹤　　　　　■ 相敬如宾　　　　■ 小鲤鱼

■ 乐女

■ 天女散花

■ 美人鱼

■ 弥勒

■ 弥勒

■ 年年有余

■ 嫦娥奔月

■ 嫦娥奔月

■ 莲花童子

■ 寿星

■ 寿星

■ 寿星

■ 仕女

■ 踏浪麒麟

■ 渔翁

泡沫雕刻制作图解与欣赏

一、泡沫雕刻工具及原料

■ 丙烯金银色

■ 丙烯颜料

■ 电炉丝

■ 仿真眼睛

■ 记号笔

■ 胶棒

■ 胶枪

■ 卷尺

■ 泡沫板

■ 泡沫划线刀

■ 泡沫切割机

■ 泡沫掏刀

■ 砂纸

■ 上色机

■ 手锯

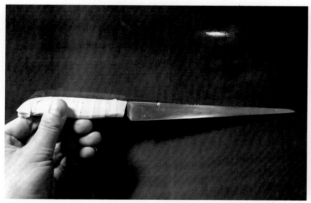

■ 细长泡沫刀

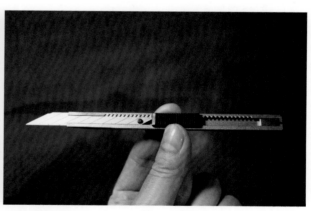

■ 小号美工刀

■ 小泡沫刀

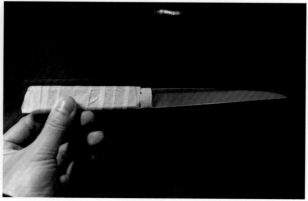

■ 长泡沫刀

二、泡沫雕刻作品制作图解

------------------------------ ▶ **嫦娥奔月** ◀ ------------------------------

🍃 **制作图解**

1. 刻出仕女的五官及发饰轮廓。

2. 进一步细修，用划线刀划出头发的纹理，粘上发髻。

3. 刻出眼睛，注意两边一定要对称。

4. 粘接好头部，修出身体的基本轮廓。

5. 把身体衣服纹理基本表达出来。

6. 把身体修饰光滑。

7. 裙摆轮廓特写。

8. 半成品展示。

9. 刻出手臂粘接上，袖子衣纹表达出来。

10. 进一步修理身体上衣服的小衣纹。

11. 刻出手并粘接上。

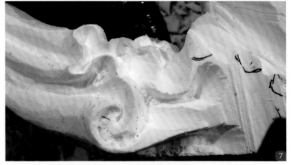

12. 裙摆衣纹特写。

13. 臀部衣纹特写。

14. 装饰组装完成。

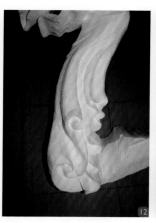

骏马奔腾

制作图解

1. 取一块厚 30 厘米的泡沫板，画出马的外围基本轮廓，用电炉丝去掉废料。

2. 用手刀和手锯把马的身体修圆。

3. 把头部五官的位置定出来，身体的肌肉表现出来。

4. 粘上四条腿及尾巴。

5. 雕刻出耳朵和鬃毛，同时用划线刀处理鬃毛及尾巴的纹理。

6. 用假山石和小草稍加点缀，组装完成。

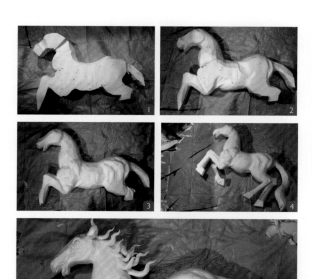

山羊

制作图解

1. 在泡沫板上画出山羊的基本轮廓。

2. 用电炉丝去废料，用手锯锯出山羊的俯视宽窄比例。

3. 用泡沫刀把身体修光滑。

4. 身体的另一侧也修光滑。

5. 用小泡沫刀刻出头部五官轮廓，划出脖子毛的轮廓。

6. 把一侧的羊角和胡须粘接上。

7. 粘接上四条腿和尾巴。

8. 粘出另一侧的羊角，注意两侧对称。

9. 做出耳朵，粘接在羊角的偏下方。

10. 把山羊的身体进一步修整光滑。

11. 将山羊与假山石组合完成。

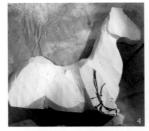

上山虎

制作图解

1. 在泡沫板上画出老虎头部侧面轮廓。

2. 侧面效果及泡沫板厚度展示。

3. 刻出老虎头部的基本轮廓。

4. 刻画出腮毛及嘴巴内腔。

5. 把眼睛鼻子刻画出来，粘上牙齿。

6. 取一块厚40厘米的泡沫板，画出身体大形，粘接上头部。

7. 把老虎身体肌肉刻画出来。

8. 将老虎身体修光滑。

9. 把刻好的腿和尾巴粘接上。

10. 刻出身体上的虎斑纹，进一步修光滑完成。

11. 与假山组合完成。

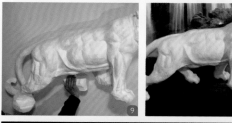

三、泡沫雕刻作品欣赏

■ 八骏图

■ 乘风破浪

■ 龙

■ 九鲤朝阳

■ 骏马

第三篇

Part 3

糖艺制作图解与欣赏

糖艺工具及原料

■ 艾素糖　　■ 艾素糖　　■ 叶模

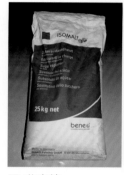

■ 叶模

■ 叶模

■ 叶模

■ 叶模

■ 叶模

■ 叶模

■ 叶模

■ 叶模

■ 叶模

■ 叶模

■ 叶模

■ 白菜叶模

■ 月季花叶模

■ 荷叶叶模

■ 牡丹花瓣叶模

■ 牡丹花瓣叶模

■ 火枪

■ 火枪气体

■ 剪刀

■ 酒精

■ 酒精灯

■ 酒石酸

■ 矿泉水

■ 透明糖体

■ 气囊

■ 球模

■ 上色机

■ 蛇皮模具

■ 手勺

■ 水油两用色素

■ 塑刀

■ 糖艺灯

■ 糖艺黑白色素

■ 温度计

■ 小风扇

■ 局部加热枪

■ 羽毛模具

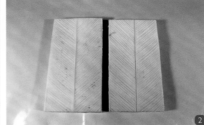

■ 羽毛模具

■ 一次性手套

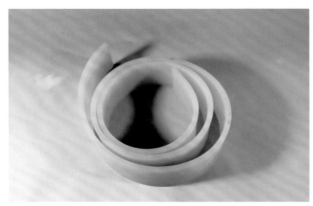

■ 支架条

■ 复合性平底锅

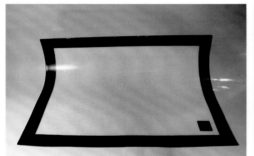

■ 不粘垫

■ 大火枪

■ 仿真眼睛

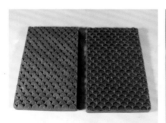

■ 鱼鳞模具

■ 鱼鳍模具

■ 斜纹模具

■ 圆形羽毛模具

糖艺作品制作图解

---------------------------------- ▶◀ **代代相传** ▶◀ ----------------------------------

🍂 **制作图解**

1. 取一块白色糖块，吹出鸟的脖子以及身体的大形，然后用灰色糖块拔出嘴巴，粘接在脖子的上端前方。用黑色糖块粘接在脖子四周，做出头翎，并用三角刀划出羽毛的纹理，最后把眼睛点缀在脖子的偏后上方。头部制作完成后再在身体的中间偏下方粘出大腿，左右两侧粘出翅膀的基本轮廓。

2. 适量拔出大小长短不一的羽毛备用。

3. 做出短尾羽和长尾羽备用。

4. 粘接好翅膀的羽毛，注意羽毛的层次结构。

5. 做出两个翅膀之间的绒毛，准备粘接另一侧翅膀羽毛，注意两侧层次结构一致。

6. 把尾部的短尾羽粘上。

7. 用支架条倒出整个作品的支架。

8. 倒出底座。

9. 把水晶球和支架粘接到底座上，同时把绶带鸟粘接到顶端。

10. 做出鸟爪，粘上月季花。

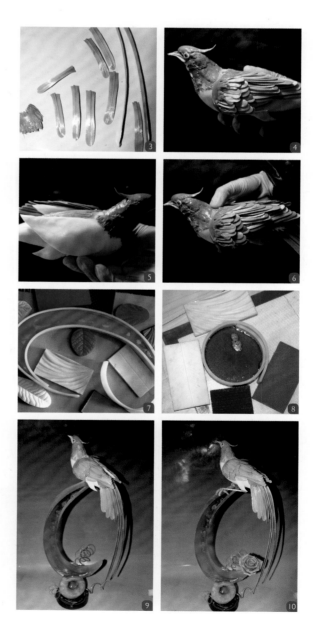

11. 粘上绶带鸟的长尾羽及底部的牡丹花。

12. 月季花和牡丹花底部用彩带加以修饰。

13. 把绶带鸟的头翎补充饱满即可。

富贵吉祥

制作图解

1. 倒出咖啡色底座及水晶球。注意水晶球分三次完成，先倒透明色、再倒粉红色、最后倒白色。

2. 倒出绿色支架，注意支架的造型设计。

3. 吹出公鸡的身体大形，并粘接出头部和尾巴。

4. 底座水晶球及支架组合起来，注意把握好平衡。

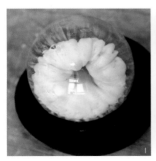   

5. 公鸡头部特写，粘接时注意鼻孔和耳朵的位置，鸡冠要稍微做大，上嘴和下嘴一样长。

6. 公鸡尾巴，尾巴主要分黑白两色，黑色尾羽要多拉一点，白色的相对少一点，拉羽毛时注意尾部曲线。

7. 把翅膀的黑色羽毛粘接完成，粘接过程中注意穿插几片白色羽毛。翅膀完成后粘接背部的黄色羽毛。最后是腹部咖啡色羽毛。

8. 粘接颈部白色羽毛，粘接时注意层次，由下向上逐步变长。

9. 粘接鸡爪，粘接时注意前面三个爪子中间的偏长一点。

10. 粘上牡丹花，并用彩带加以点缀，粘接时注意尽量不要遮挡住公鸡及水晶球。

11. 粘接部分牡丹花枝叶加以衬托完成。

---- >>> 红嘴蓝鹊 <<< ----

🍃 制作图解

1. 做好的底座和支架，注意做好放在保鲜盒内，配上变色硅胶保存，防止返潮。

2. 水晶球。

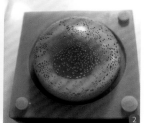

3. 圆饼型底座。

4. 树叶。

5. 装饰的月季花。

6. 蓝鹊的头部细节图。

7. 蓝鹊爪子。

8. 蓝鹊尾巴，注意尾巴的长短层次。

9. 叶子特写

10. 白色月季。

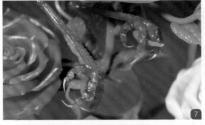

引凤

🍃 制作图解

1. 双色底座及水晶球。倒双色底座时注意白色的一层凉透以后才能倒第二层红色。水晶球注意先倒透明色再倒白色，倒白色时要呈高山流水式倒入。

2. 制作出凤凰的身体大形。

3. 把做好的羽毛粘接到凤凰的背部。

4. 做出凤凰翅膀大形。

5. 粘接身体前端羽毛，注意羽毛要二次上色后再粘接。

6. 把脖子的羽毛粘接完成，注意羽毛的长短层次变化，一直要粘到脖子与头颅交界处。

7. 把翅膀的飞羽粘接完成。

8. 粘接翅膀紧挨飞羽的第二层羽毛。

9. 翅膀羽毛依次粘接完成。

10. 尾部特写（菊花瓣护尾羽）。

11. 爪子特写。

12. 头部特写。

13. 尾部特写（三根长尾羽），注意长尾羽两侧的羽毛是逐根粘接上去的。

14. 把相思羽粘到翅膀根部。

15. 成品图。

金鱼戏莲

🌿 制作图解

1. 用支架条围成圆形，下面倒入蓝色糖体，凉透后再倒入白色糖体。

2. 待糖体凉透，取出支架条，双色饼型底座完成。

3. 用支架条围出S形曲线大形，倒入绿色糖体。

4. 待糖体凉透取出支架条，糖艺S形支架完成。

5. 水晶球制作，注意先倒透明糖体，再倒白色的。

6. 做出金鱼和荷花加以组装。

7. 点缀荷叶完成，注意荷叶要二次上色。

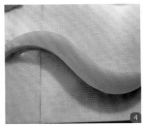

锦鲤

🌿 制作图解

1. 适量拔出鲤鱼的鳞片。

2. 吹出鲤鱼的身体大形，同时把背鳍、尾鳍、腹鳍、胸鳍粘接上。

3. 粘接鳞片，注意一定要从尾部开始，同时注意颜色和大小层次。

4. 鳞片粘接好的示意图。

5. 用透明色和白色倒出的底座。

6. 酒红色弯钩形支架。

7. 刚出模未经处理的水晶球。

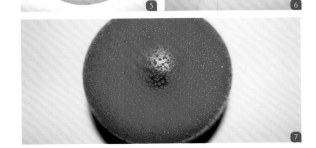

8. 组装好底座水晶球及支架，组装粘接时注意接触面适当放大，有助于整个作品的平衡稳固。

9. 用荷花加以装饰，荷叶上点缀些用透明糖体做出的小水珠。

10. 把鲤鱼安放到顶部，注意凸显出鲤鱼跳跃的造型。

11. 配上小虾。

12. 最后稍加装饰完成。

锦上添花

🍃 制作图解

1. 用支架条围成圆形，倒出圆形底座。

2. 凉透后取出支架条，圆形底座完成。

3. 用支架条围出弯钩形，倒出支架。糖注意不要太热，呈 120℃左右时倒入比较合适。

4. 待糖体凉透取出支架条，弯钩形支架就做好了。

5. 灌好糖艺的水晶球模，球模灌入糖体后一定要用胶带缠好，注意把倒入糖体的入口留出。

6. 把倒好的底座水晶球和弯钩形支架组装好，在支架的后方点缀一朵菊花，在支架的正前方粘接上半成品的锦鸡。

7. 用黄色糖体拉出的小尾羽。

8. 在锦鸡的背部粘上蓝色羽毛，同时把翅膀上的羽毛也粘接一部分。

9. 用三角刀拉出红腹羽毛。

10. 做好的翅膀特写，粘接翅膀羽毛的过程

  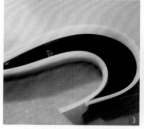   

中注意区分颜色和大小层次。

11. 红色的护尾羽特写。

12. 开始粘接红腹羽毛。

13. 背部蓝白相间双色羽毛和小尾羽特写。注意双色羽毛是用两种糖体拉出。

14. 尾部的三根长尾羽。

15. 用油性色素在长尾羽上画出羽毛上的斑纹。

16. 做出锦鸡的爪子，并配上菊花加以点缀。

17. 做出爪尖，完成整个作品。

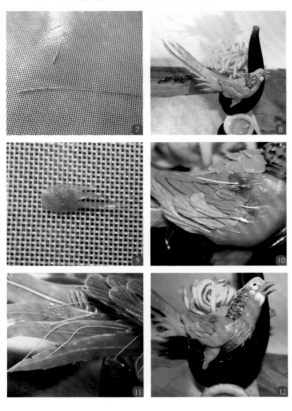

孔雀牡丹

🍃 制作图解

1. 制作孔雀尾羽。用小铁丝做羽轴，主羽轴两侧的羽毛是逐根拔好由后向前一片一片粘接上去的。

2. 用蓝色糖体吹出孔雀的基本体形，注意脖子稍长，其粗细与身体比例要协调，孔雀头顶

部偏方形。

3. 把孔雀身体粘接到支架上，注意孔雀的支架一定要长，给孔雀尾部留出足够的空间。

4. 孔雀的身体与支架的接触面适当放大，控制好整个作品的平衡。

5. 粘接好背部羽毛，注意层次从尾部朝脖子的方向逐一排列。

6. 粘接好脖子上的羽毛，因为脖子比较细，粘接时注意尽量不要让羽毛翘起来。

7. 粘接翅膀的羽毛，飞羽的羽毛末梢比较尖。

8. 脖子的羽毛粘接完成。

9. 长尾羽轴。

10. 适量拔出长尾羽羽轴两侧的羽毛，拔好后粘接到羽轴两侧备用。

11. 护尾羽，用三角刀划出纹理。

12. 把做好的长尾羽由下向上依次粘接，粘出头翎上的羽毛，做出爪子，最后用牡丹加以点缀。

13. 尾部特写。尾羽要注意层次，做的稍微密集一点。

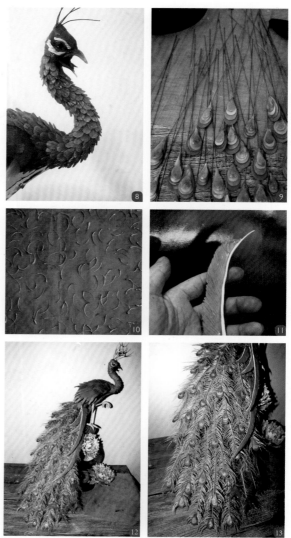

14. 爪子特写。注意刻画爪子的细节。

15. 头部特写。

16. 护尾羽特写，注意护尾羽的层次及长短变化。

17. 成品图。

第三节　作品欣赏

一、糖艺作品欣赏

■ 八爪鱼

■ 花开富贵

■ 黄鹂鸟

■ 鲤鱼戏珠

■ 连年有余

■ 龙凤呈祥

■ 玫瑰之约　　　　　　　■ 蜜枣鹦鹉　　　　　　　■ 翩翩起舞

■ 天使　　　　　　　　　■ 渔翁　　　　　　　　　■ 腾龙

■ 节节高　　　　　　　　■ 锦绣前程

二、翻糖作品欣赏

■ 翻糖蛋糕

■ 翻糖蛋糕

■ 翻糖蛋糕

■ 翻糖蛋糕

■ 花卉

■ 花卉

■ 荷花

■ 牡丹

第四篇

盘饰艺术欣赏

第一节　糖艺盘饰欣赏

■ 百年好合　　　　■ 花开富贵　　　　■ 富贵牡丹

■ 柔情　　　　■ 牡丹　　　　■ 玫瑰

■ 草龙珠　　　　■ 车厘子　　　　■ 辣椒炒蛋

■ 关公战秦琼

■ 红富士

■ 变色龙

■ 季季红

■ 洁白无瑕

■ 菊花

■ 绝代双骄

■ 苦瓜

■ 苦瓜与鸡蛋

■ 菠萝蜜

■ 芒果

■ 茄子的苦辣人生

■ 水晶虾

■ 堂兄弟

■ 野生菌

■ 小芭蕉

■ 小白菜

■ 小金瓜

■ 小美人

■ 小水果

果酱画盘饰欣赏

■ 黛玉葬花

■ 秦可卿

■ 西施

■ 郑允端

■ 昭君出塞

■ 荷韵

■ 莲花

■ 花开四季

■ 鸣春

■ 翠鸟

■ 成熟

■ 龙凤呈祥

■ 梅花鹿

■ 千里马

■ 童年